四川省工程建设地方标准

四川省震后城乡重建规划编制管理标准

Compilation and management standards for post-earthquake urban and rural reconstruction planning in Sichuan Province

DBJ51/T 095－2018

主编部门：四 川 省 住 房 和 城 乡 建 设 厅
批准部门：四 川 省 住 房 和 城 乡 建 设 厅
施行日期：2 0 1 8 年 8 月 1 日

西南交通大学出版社

2018　成　都

图书在版编目（CIP）数据

四川省震后城乡重建规划编制管理标准/西南交通大学，四川省城乡规划设计研究院主编. —成都：西南交通大学出版社，2018.5
（四川省工程建设地方标准）
ISBN 978-7-5643-6178-5

Ⅰ. ①四… Ⅱ. ①西… ②四… Ⅲ. ①地震灾害－灾区－城乡规划－地方标准－四川 Ⅳ. ①TU984.271-65

中国版本图书馆 CIP 数据核字（2018）第 088274 号

四川省工程建设地方标准

四川省震后城乡重建规划编制管理标准

主编单位　西南交通大学
　　　　　四川省城乡规划设计研究院

责任编辑	杨　勇
助理编辑	王同晓
封面设计	原谋书装
出版发行	西南交通大学出版社 （四川省成都市二环路北一段 111 号 西南交通大学创新大厦 21 楼）
发行部电话	028-87600564　028-87600533
邮政编码	610031
网　　址	http://www.xnjdcbs.com
印　　刷	成都蜀通印务有限责任公司
成品尺寸	140 mm×203 mm
印　　张	1.125
字　　数	23 千
版　　次	2018 年 5 月第 1 版
印　　次	2018 年 5 月第 1 次
书　　号	ISBN 978-7-5643-6178-5
定　　价	21.00 元

各地新华书店、建筑书店经销
图书如有印装质量问题　本社负责退换
版权所有　盗版必究　举报电话：028-87600562

关于发布工程建设地方标准《四川省震后城乡重建规划编制管理标准》的通知

川建标发〔2018〕353号

各市州及扩权试点县住房城乡建设行政主管部门，各有关单位：

由西南交通大学和四川省城乡规划设计研究院主编的《四川省震后城乡重建规划编制管理标准》已经我厅组织专家审查通过，现批准为四川省推荐性工程建设地方标准，编号为：DBJ51/T095-2018，自2018年8月1日起在全省实施。

该标准由四川省住房和城乡建设厅负责管理，四川省城乡规划设计研究院负责技术内容解释。

四川省住房和城乡建设厅
2018年4月12日

前 言

根据四川省住房和城乡建设厅《关于下达四川省工程建设地方标准〈四川省震后城乡重建规划管理标准〉编制计划的通知》（川建标发〔2017〕790号）要求，标准编制组经深入广泛的调查研究，认真总结了"5·12"汶川特大地震和"4·20"芦山地震等多次地震的灾后城乡重建规划编制管理经验，结合四川省实际情况，并在广泛征求意见的基础上，制定本标准。

本标准共分5章，依次为总则、术语、规划编制、规划管理、监督与实施评估。

本标准由四川省住房和城乡建设厅负责管理，由四川省城乡规划设计研究院负责具体技术内容的解释。在实施过程中，请各单位注意总结经验、积累资料，并将意见和建议反馈给四川省城乡规划设计研究院（通信地址：成都市马鞍街11号；邮政编码：610081；电话：028-8331060；邮箱：zhxl-321@163.com）。

主 编 单 位：西南交通大学

四川省城乡规划设计研究院

参 编 单 位：四川农业大学

成都理工大学

成都市规划设计研究院

主要起草人：邱 建 张 欣 高黄根 贾刘强

主要审查人：	岳波	卓想	刘志彬	金涛
	曾帆	阮晨	丁睿	李为乐
	郑连勇	周波	薛晖	王国森
	沈莉芳	蒋蓉	李东	

目　次

1 总　则 ………………………………………………… 1
2 术　语 ………………………………………………… 2
3 规划编制 ……………………………………………… 3
　3.1 一般规定 ………………………………………… 3
　3.2 评估调查 ………………………………………… 4
　3.3 规划重点内容 …………………………………… 4
4 规划管理 ……………………………………………… 7
　4.1 一般规定 ………………………………………… 7
　4.2 规划审查 ………………………………………… 7
　4.3 规划实施 ………………………………………… 8
5 监督与实施评估 ……………………………………… 9
本标准用词说明 ………………………………………… 11
附：条文说明 …………………………………………… 13

Contents

1 General provisions ··· 1
2 Terms ·· 2
3 Planning compilation ····································· 3
   3.1 General requirements ······························· 3
   3.2 Investigation and evaluation ····················· 4
   3.3 Key content of the planning ····················· 4
4 Planning management ···································· 7
   4.1 General requirement ································ 7
   4.2 Planning examination ······························· 7
   4.3 Planning implementation ·························· 8
5 Monitoring and implementation assessment ·············· 9
Explanation of wording in this standard ················ 11
Addition: Explanation of provisions ····················· 13

1 总 则

1.0.1 为促进震后城乡基本功能恢复，确保城乡重建规划的科学性、可操作性，保障城乡恢复重建工作有力、有序、高效地开展，规范四川省震后城乡重建规划编制和管理工作，制定本标准。

1.0.2 本标准适用于四川省震后恢复重建阶段城乡重建规划的编制和管理。

1.0.3 震后城乡重建规划的编制和管理，除应执行本标准外，还应符合国家和四川省现行有关标准的规定。

2 术 语

2.0.1 震后城乡重建规划 post-earthquake urban and rural reconstruction planning

指在震后以促进灾区城乡经济社会全面恢复和可持续发展为根本任务,对原有城乡规划进行调整、修编,在重建期内用以指导灾区范围内的城乡建设,以及针对土地利用、生态保护和经济社会发展等相关事项制定的空间发展战略、建设布局以及实施措施的总称,是震后重建规划中与城乡重建相关的规划。其规划类型视灾区城乡重建需求而定。

2.0.2 两评估一评价 two assessments and one evaluation

指震后对灾区开展的灾害范围评估、地震灾害损失评估和震后恢复重建资源环境承载能力评价等调查评估工作的总称,是编制震后城乡重建规划的重要依据。

2.0.3 并联管理 integration management

为满足震后城乡重建的应急性需要、提高效率,对震后城乡重建规划编制与管理流程进行优化,实行规划编制并联审查,项目实施并联审批的管理模式。

2.0.4 三避让 three avoidances

避让地震断裂带、避让地质灾害隐患点和避让泄洪通道的总称,是确保震后城乡空间规划安全性的重要原则和依据。

3 规划编制

3.1 一般规定

3.1.1 编制震后城乡重建规划应以解决重建问题为导向,突出应急性和安全性特征,应根据灾情和重建任务确定规划期限,一般为 3~5 年。

3.1.2 编制震后城乡重建规划,应坚持以人民为中心,优先考虑与灾区人民生命及财产安全相关的住房、基础设施和公共服务设施等的恢复重建。

3.1.3 编制震后城乡重建规划,应坚持安全第一、生态文明、文化传承、城乡统筹、远近结合的基本原则。

3.1.4 编制震后城乡重建规划,应以风貌塑造为抓手,重视建筑设计,注重历史传承,提升城镇整体形象和文化品位,凸显地域特色、民族特色。应结合自然环境条件和生产生活需求,重视村庄布局和民居设计,加强风貌指引,形成居民点与自然环境相融合的布局形态,保持"房前屋后、瓜果梨桃、鸟语花香"的田园风光和农村风貌。

3.1.5 编制震后城乡重建规划,应遵循"调查评估—发现问题—明确重点—技术内容—解决问题"的技术路线。

3.1.6 编制震后城乡重建规划,应落实震后恢复重建总体规划的要求,与震后公共服务设施、防灾减灾、农村重建等专项规划充分衔接,依据震后经济社会发展规划,协调震后土地利用总体规划等相关规划。

3.1.7 应坚持"功能恢复、标准适度"的原则，因地制宜确定适宜的规划目标和恢复重建标准。

3.1.8 根据实际需要可同步编制不同类型的震后城乡重建规划。

3.2 评估调查

3.2.1 在地震灾害发生后，应立即收集灾区现行法定城乡规划，评估其适应性，根据灾情确定规划编制需求。

3.2.2 应及时收集掌握"两评估一评价"资料，根据不同的震后城乡重建规划类型，明确现场踏勘重点，发现主要问题。一般应调查掌握灾区灾损、地灾、经济社会、资源环境等方面的资料。可开展社会调查、了解灾区居民意愿。

3.2.3 应结合"两评估一评价"，从经济、社会、地质、地灾、自然资源、基础设施、城乡发展等方面，采取定量与定性结合的方法，综合分析震后恢复重建条件，为城乡恢复重建目标制定、城乡用地选择、项目空间落地和规划策略制定等提供支撑。

3.2.4 地震灾后重建城镇、村规划选址和用地布局应将安全放在首位，必须调查掌握地震活动断裂带、地质灾害隐患点、行洪通道等情况，可依据"三避让"原则。

3.3 规划重点内容

3.3.1 震后城乡重建规划应结合受灾程度，因地制宜确定具体规划类型和编制内容与深度，可包括城镇体系规划、总体规划、专项规划和详细规划四种基本类型。

3.3.2 城镇体系规划宜包括以下内容：

　　1 明确恢复重建目标与发展定位；

　　2 科学调整优化城镇体系结构，提出灾区城镇恢复重建指引；

　　3 提出区域性交通、基础设施、公共服务设施及城乡住房调整方案；

　　4 对区域内风景名胜区、历史文化名城等遭受破坏的情况进行评估，提出规划策略；

　　5 提出区域重点重建项目库，并进行空间安排。

3.3.3 城市总体规划宜包括以下内容：

　　1 明确震后城市性质与规模；

　　2 优化城市空间布局，重点对受地震影响的片区进行调整；

　　3 提出城乡住房恢复重建的目标与总体要求，明确城乡住房恢复重建的类型、规模、标准和年度任务；

　　4 优化道路交通系统，突出完善疏散通道；

　　5 修补完善公共服务配套及市政基础设施；

　　6 完善综合防灾避难体系；

　　7 制定恢复重建项目库；

　　8 对重点恢复重建区域开展控制性详细规划或城市设计，引导项目落地。

3.3.4 镇（乡）总体规划宜包括以下内容：

　　1 明确发展定位和恢复重建目标；

　　2 确定镇区功能、恢复重建规模；

　　3 优化镇（乡）村体系结构；

　　4 优化用地布局，完善设施配套，构建综合防灾系统；

　　5 制定恢复重建项目库；

6 恢复重建重点地段宜开展控制性详细规划或城市设计，引导项目落地。

3.3.5 村庄建设规划宜包括以下内容：

1 明确恢复重建目标与重建类型；

2 确定恢复重建农村居民点选址和规模；

3 布置聚居点总平面；

4 布置农村供水供电设施、污水垃圾处理设施、道路等恢复重建项目；

5 编制农房设计图集，推行农房抗震设防。

3.3.6 风景名胜区总体规划宜包括以下内容：

1 提出生态环境恢复和地质灾害治理、居民点调控等措施；

2 制定地质灾害治理、生态环境恢复、道路交通规划、基础设施规划、管理与旅游服务设施恢复提升规划；

3 制定景区景点开放计划，确定优先开放的景区景点；

4 提出恢复重建项目库；

5 对重点恢复重建区域开展详细规划。

3.3.7 宜根据灾区实际需要，编制住房、历史文化、基础设施、应急避难等方面的震后城乡重建专项规划，可与城镇体系规划或总体规划合并编制，详细规划可与总体规划合并编制。

4 规划管理

4.1 一般规定

4.1.1 震后城乡重建规划管理应包括规划编制组织、审查、实施和修改等工作内容。

4.1.2 县级以上地方人民政府城乡规划主管部门应负责本行政区域内的震后城乡重建规划管理工作。可根据灾区实际需要，由有权机关授权，组建由跨区域、跨层级、跨部门、跨学科的人员组成震后城乡重建规划管理临时机构，指导城乡规划管理部门开展工作。

4.1.3 宜以并联方式组织编制震后城乡重建规划，各编制机构应协同合作，保障规划编制的进度及质量要求。

4.1.4 震后城乡重建规划宜采用规划设计总负责的模式，加强规划与设计、施工、监理的衔接，提高规划管理效率。

4.1.5 应建立健全公众参与制度，以多种形式充分听取受灾群众意见。

4.1.6 依法审批的震后城乡重建规划，是震后城乡恢复重建的依据，任何单位和个人都应遵守，服从规划管理。

4.2 规划审查

4.2.1 重灾区及重要地区的城乡重建规划审查，宜由上一级或上级审批机关组织。

4.2.2 震后城乡重建规划审批前，审批机关宜采用并联审查的方式审查,以协调各部门专项规划,协同推进灾后恢复重建,提高重建效率。

4.2.3 审查重点应围绕规划重点是否突出以及规划成果科学性、合理性等方面,并给出合理的意见和建议。

4.3 规划实施

4.3.1 应合理安排规划实施时序。优先安排与灾区居民基本生活恢复相关的居住、市政基础设施、公共配套设施和防灾减灾设施等重建项目。

4.3.2 应强化建设项目的规划选址、勘察设计、施工建设、竣工验收等全过程监管,严格落实规划要求,确保各项城乡恢复重建项目质量安全。

4.3.3 应结合实际,建立恢复重建项目审批绿色通道,优化审批流程,缩短审批时限。

4.3.4 应以城乡规划为总管控,组织测绘、规划、建筑、结构、施工、监理和采购等多方技术力量,并以协同工作方式全过程参与震后恢复重建,确保重建项目严格按规划实施。

4.3.5 应将农房建设纳入政府管理体系,严格执行抗震设防标准。

4.3.6 震后城乡重建规划实施应建立"规划设计—实施—反馈纠错—改进实施"的动态调控机制,依法对规划设计方案进行修改、调整。

5 监督与实施评估

5.0.1 应将震后城乡重建规划的实施纳入法定监督体系，保障规划严格实施。

5.0.2 震后重建结束后，应及时结合震后城乡重建规划及实施情况，开展对震前法定规划的评估工作，并将相关成果纳入新版法定城乡规划中。

5.0.3 规划评估内容应包括规划实施评估和重点项目实施评估。

本标准用词说明

1 为了便于执行本标准条文时区别对待,对要求严格程度不同的用词说明如下:
  1）表示很严格,非这样做不可的:
    正面词采用"必须";反面词采用"严禁"。
  2）表示严格,正常情况下均应这样做的:
    正面词采用"应";反面词采用"不应"或"不得"。
  3）表示允许稍有选择,在条件许可时首先应这样做的:
    正面词采用"宜";反面词采用"不宜"。
  4）表示有选择,在一定条件下可以这样做的,采用"可"。

2 本标准中指定应按其他有关标准、规范执行时,写法为:"应符合……的规定"或"应按……执行"。

四川省工程建设地方标准

四川省震后城乡重建规划编制管理标准

Compilation and management standards for post-earthquake urban and rural reconstruction planning in Sichuan Province

DBJ51/T 095-2018

条 文 说 明

编制说明

本标准制定过程中，标准编制组经深入广泛的调查研究，认真总结了"5·12"汶川特大地震和"4·20"芦山地震等多次地震的灾后城乡重建规划编制管理经验，结合四川省实际情况，并广泛征求意见，突出震后城乡重建的应急性等特点，确保标准的科学性、可操作性。

为便于广大设计、施工、科研、学校、政府等单位有关人员在使用本标准时能正确理解和执行条文规定，标准编制组按章、节、条顺序编制了本标准的条文说明，对条文规定的目的、依据以及执行中需注意的有关事项进行了说明。但是，本条文说明不具备与标准正文同等的法律效力，仅供使用者作为理解和把握标准规定的参考。

目 次

1 总 则 …………………………………………………… 19
2 术 语 …………………………………………………… 20
3 规划编制 ………………………………………………… 21
　3.1 一般规定 …………………………………………… 21
　3.3 规划重点内容 ……………………………………… 23
4 规划管理 ………………………………………………… 24
　4.1 一般规定 …………………………………………… 24
　4.3 规划实施 …………………………………………… 25
5 监督与实施评估 ………………………………………… 26

1 总 则

1.0.1 本标准将历次震后重建规划管理的经验与相关法律、法规，以及震后城乡规划管理研究成果相结合，编制出台对于四川省针对性更强、更具可操作性的地方标准，以指导四川省震后重建规划管理，对尽快安置受灾群众，积极、稳妥地恢复灾区生产、生活、学习和工作条件，有序、高效地开展灾后恢复重建工作，促进灾区经济社会的恢复和可持续发展具有重大作用。

1.0.3 震后城乡重建规划的编制和管理应符合现行国家标准《城市用地分类与规划建设用地标准》GB 50137 和地方标准《四川省村规划标准》DBJ51/T 067 等国家和四川省现行有关标准规定。

2 术 语

2.0.2 灾害范围评估，是指通过地震地质灾害和地震次生地质灾害的调查与危险性分析，综合考虑地震致灾强度、灾情严重程度和地质灾害影响等因素，明确灾害范围。

地震灾后损失评估，是按照《地震灾害损失评估工作规定》等相关规定要求，根据地震台网测定参数估计、电话收集、航拍照片识别、实地调查了解等对灾害损失进行的评估。

震后恢复重建资源环境承载能力评价，是以自然地理环境、地质条件和次生灾害危险性、生态系统、土地资源、人口经济基础等评价为基础，对灾区资源环境承载能力进行综合性评价。资源环境承载力包括：资源环境系统的支撑能力，即资源环境可供养的人口数量和能承受的社会经济总量等因素；资源环境系统压力，即人类活动对资源环境产生的污染与破坏。

3 规划编制

3.1 一般规定

3.1.1 震后城乡重建规划具有以下特点：

一是应急性。一般来讲，灾后恢复到原有生产生活水平需要三年左右时间。震后重建规划是以灾损为现实背景，以重建为当前任务，以恢复重建期为重点，更加注重规划的时效性。

二是安全性。将震后城乡重建规划选址与布局安全作为前置条件，可依据"三避让""两评估一评价"进行震后城乡空间规划，确保选址和用地布局的安全性。

三是问题导向性。震后城乡重建规划是一个全社会关注、各阶层参与、多专业协作、多部门共建的复杂规划，各类震后城乡重建规划需要解决的问题也不同，在具体的技术环节上需要突出问题导向和重点内容。

3.1.3 震后城乡重建规划，应坚持以下原则：

一是安全第一。必须将安全作为规划的前提条件放在首位，落实保障安全的各项措施，保证震后恢复重建各项工作有序地、安全地开展。

二是生态文明。必须树立尊重自然、保护自然的生态文明理念，把生态文明建设放在突出地位，融入震后城乡经济建设、政治建设、文化建设、社会建设各方面和全过程。

三是文化传承。应传承优秀传统文化，加强震后文化遗产保护，振兴传统工艺。

四是城乡统筹。应将震后城市和农村的发展紧密结合起来，统一协调，全面考虑，协调震后城乡发展，促进震后城乡联动。

五是远近结合。应综合分析震后城乡发展目标的合理性，重点考虑震后城乡恢复重建，同时为长远发展预留接口。

3.1.5 调查评估环节，结合"两评估一评价"开展现行法定城乡规划的适宜性评估工作，并进行现场踏勘和内业分析，发现主要问题。依据灾后恢复重建总体要求，结合调查研究成果，对上位规划和相关规划进行分析，确立规划重点。在规划技术内容环节，以问题为导向，制定适宜的规划目标，落实规划重点内容，提出解决问题的规划策略，将震后恢复重建项目落实到空间上，并提出规划实施措施。

3.1.6 震后城乡重建规划并不只是一个区域物质空间的建设规划，而是在灾后重建总体规划原则指导下，集合了各个震后专项规划以及各专业部门灾后恢复重建计划的综合规划。法定城乡规划是灾后恢复重建规划的基础，重建规划应充分利用既有法定规划的成果，在对灾区社会经济及资源环境条件进行充分研究的基础上，对现行法定规划进行调整、补充、完善，并把编制重点放在近期需要开展的恢复重建工作内容上，规划成果不拘泥于法定内容，突出"应急性"和"按需编制"的特点，对法定规划的重大调整应经过充分的论证，尽量避免"另起炉灶"、重新重复编制。

3.1.7 震后城乡重建规划目标和标准的制定，一方面要考虑集中力量应对震后亟须解决的问题；另一方面要体现"尽力而为、量力而行"的理念，避免灾后恢复重建标准过高、浪费严重等弊端。

3.1.8 结合汶川、芦山地震震后实践，震后城乡重建规划体系可分为安置规划、总体规划（城镇体系规划）、专项规划和详细规划四种基本类型。其中，震后城乡重建总体规划可分为震后重建城市总体规划、镇（乡）总体规划和村规划，专项规划可分为震区历史文化名城名镇名村保护规划、风景名胜区灾后重建规划、城镇市政基础设施恢复重建规划等类型，详细规划可分为城市灾后恢复重建详细规划、镇（乡）灾后恢复重建详细规划、村庄建设规划等。总体规划、专项规划和详细规划等三类规划在时间和空间序列上与法定城乡规划存在一定差异，在震后城乡重建规划中可同步编制、相互协调，甚至规划可进行归并，编制一个或少数几个规划来解决问题。借鉴汶川、芦山地震等震后城乡重建规划经验，规划并不强调完整序列，而是充分尊重原有法定规划，可根据需要对重点规划内容进行选择，强调压缩层级、突出重点、简化程序。

3.3 规划重点内容

3.3.1 重建总体规划可分为震后恢复重建城市总体规划、镇（乡）总体规划和村规划，专项规划可分为震区历史文化名城名镇名村保护规划、风景名胜区灾后重建规划、城镇市政基础设施恢复重建规划等类型，详细规划可分为城市灾后恢复重建详细规划、镇（乡）灾后恢复重建详细规划、村庄建设规划等。

3.3.2 重点对受灾严重城镇进行分析评估，综合提出受灾地区的城市、县城和镇乡职能、布局及恢复建设规模；提出严重受灾地区需要搬迁的县城、镇乡的选址和建设规模方案；提出搬迁及原址重建的县城、镇乡近期建设目标和建设重点。

4 规划管理

4.1 一般规定

4.1.2 "一个漏斗"是汶川地震城乡重建中首创的以城乡规划牵头，统筹各相关部门协同工作的技术协调机制。其在四川汶川和芦山两次地震震后重建规划的组织工作中广泛应用并发挥了有效作用。芦山地震震后城乡重建中，雅安市重建委成立了以市长为主任，厅总规划师为总顾问，主要规划设计单位技术专家任委员，省内规划专家为后备的规划委员会，并在此基础上报请省重建委批准成立了芦山地震灾后恢复重建规划指挥部，专门负责震后城乡重建规划的落地把关工作，协调跨区域各种事项。规划指挥部组建后，加强了对交通、产业、生态、环保、医疗、教育等重大重建项目的选址落地的严格审查把关，对龙门乡、芦山县城、飞仙关镇、宝兴县城灵关片区等重点地段的建设质量、生态保护、风貌塑造等工作进行了跟踪指导。同时，指挥部还督促各地严格执行规划、防止违规建设等。规划指挥部的组建不仅理顺了灾后规划管理机制，大大地强化了地方规划管理力量和专业技术水平，也在提高灾后重建的质量和水平方面起到了不可替代的作用，实现了地震灾区全部重建项目必须通过规划，以类似"一个漏斗"的方式完成重建项目的空间落地，确保了灾后重建严格按规划科学实施。

4.1.4 规划设计总负责，即成立专门机构作为片区"规划设计总负责"单位，履行"总设计"职责，对片区内所有设计单位提交的规划、建筑设计方案进行总把关，确保规划设计的质量和水平。

4.1.5 汶川地震灾后重建规划采取"专家领衔、公众参与、民主决策"的规划方式，充分反映与尊重民意，努力提高震后重建规划的公众参与度，调动公众参与规划编制和实施监督的积极性，确保了规划成果得到当地群众的支持和接受，实现了规划成果的有效落地。北川新县城规划编制通过公众参与，为陷入困境的选址问题寻求到了解决之道，结果以高达95%的民众意愿顺利通过了异地选址方案，保证了新县城选址的顺利落实。

4.3 规划实施

4.3.2 地震灾后恢复重建项目的选址，应当符合震后城乡重建规划和抗震设防、防灾减灾的要求，采取"三避让"原则，避开生态脆弱地区、可能发生重大灾害的区域以及传染病自然疫源地。

4.2.3 芦山地震灾后恢复重建中，灾区各地成立了灾后重建并联审批的绿色通道领导小组，组长由县委常委、常务副县长担任，副组长由分管项目工作的副县长担任，成员单位包括县效能办、县监察局和县政务服务中心等相关部门，明晰了"三并联"审批工作流程，明确了各有关部门的工作职责。要求灾后恢复重建项目全部纳入并联审批，并必须在1个工作日内完成，对涉及两个以上部门共同审批办理的事项，实行由一个中心（部门或窗口）协调、组织各责任部门同步审批办理的行政审批模式，做到"一窗受理、并联审批、统一收费、限时办结"。以上措施在不减少审批程序的同时，优化了审批流程，缩短了审批时限，提高了依法行政的效能和规划审批效率。

4.3.4 芦山地震灾后恢复重建工作采用这种方式，帮助地方建立了从规划设计到项目落地的全程追踪管理机制，实现了地震灾区全部重建项目以"一个漏斗"的方式完成空间落地。

5 监督与实施评估

5.0.1 行政监督可包括：上级政府及其城乡规划主管部门对下级政府或规划主管部门在灾后城乡重建规划编制和实施过程中的行为及其决定的监督检查；上级政府和本级政府对政府相关部门涉及灾后城乡重建规划实施行为的监督检查；规划行政主管部门对重建项目开展过程中是否符合城乡规划以及依法审批确定的规划条件和相关许可的要求进行监督检查，规划行政主管部门有权责令有关单位和人员停止违反有关城乡规划的法律、法规的行为。